Priyanka Nandal

Marca de água digital para proteção de imagens

Priyanka Nandal

Marca de água digital para proteção de imagens

ScienciaScripts

This book is a translation from the original published under ISBN 978-3-659-75147-9.

Publisher:
Sciencia Scripts
is a trademark of
Dodo Books Indian Ocean Ltd. and OmniScriptum S.R.L publishing group

120 High Road, East Finchley, London, N2 9ED, United Kingdom
Str. Armeneasca 28/1, office 1, Chisinau MD-2012, Republic of Moldova, Europe
Printed at: see last page
ISBN: 978-620-7-74856-3

ÍNDICE DE CONTEÚDOS

CAPÍTULO 1

INTRODUÇÃO

A informação e os dados digitais são transmitidos com maior frequência do que nunca através da Internet. A disponibilidade e a eficiência das redes informáticas globais para a comunicação de informações e dados digitais aceleraram a popularidade dos meios de comunicação digitais. As imagens, o vídeo e o áudio digitais foram revolucionados na forma como podem ser captados, armazenados, transmitidos e manipulados. Este facto dá origem a uma vasta gama de aplicações no ensino, no entretenimento, nos meios de comunicação social, na indústria transformadora, na medicina e no sector militar, entre outros domínios [1].

Os computadores e os meios de ligação em rede estão a tornar-se menos dispendiosos e mais difundidos. As abordagens criativas para armazenar, aceder e distribuir dados geraram muitos benefícios para a multimédia digital, principalmente devido a propriedades como a transmissão sem distorção, o armazenamento compacto e a facilidade de edição. Infelizmente, a comunicação multimédia digital de acesso livre também oferece oportunidades praticamente sem precedentes para a pirataria de material protegido por direitos de autor. Por conseguinte, a facilidade com que os conteúdos digitais podem ser trocados através da Internet criou problemas de violação dos direitos de autor. O material protegido por direitos de autor pode ser facilmente trocado através de redes peer-to-peer, o que tem causado grandes preocupações aos fornecedores de conteúdos que produzem esses conteúdos digitais. A fim de proteger os interesses dos fornecedores de conteúdos, estes conteúdos digitais podem ser marcados com marcas de água. Por conseguinte, a ideia de utilizar uma marca de água digital para detetar e rastrear violações dos direitos de autor suscitou um interesse significativo entre engenheiros, cientistas, advogados, artistas e editores, para citar apenas alguns. Consequentemente, a investigação sobre a robustez da incorporação de marcas de água no que respeita à compressão, às operações de processamento de imagem e aos ataques criptográficos tornou-se muito ativa nos últimos anos, e as técnicas desenvolvidas têm vindo a ser muito melhoradas.

Neste capítulo, a introdução à marca de água digital é apresentada na secção 1.1, na secção 1.2 é apresentada a classificação da marca de água digital. Na secção 1.3 é explicado o processo de marca de água digital, na secção 1.4 são apresentados possíveis ataques à marca de água digital e, finalmente, na secção 1.5 são apresentados os problemas da marca de água digital.

1.1 Marca de água digital

A marca de água não é um fenómeno novo. É utilizada de forma proeminente na deteção de infracções aos direitos de autor e na autenticação de notas de banco. Ao longo dos anos, as marcas de água no papel têm sido utilizadas para indicar visivelmente um determinado editor e para desencorajar a contrafação de moeda. Uma marca de água é um desenho impresso numa folha de papel durante a produção e utilizado para identificação de direitos de autor. O desenho pode ser um padrão, um logótipo ou qualquer outra imagem. Na era moderna, como a maioria dos dados e informações são armazenados e comunicados em formato digital, a prova de autenticidade desempenha um papel cada vez mais importante. A marca de água digital é importante porque o multimédia digital é amplamente utilizado e a Internet está em rápido crescimento.

Figura 1.1 Imagem digital com marca de água

A marca de água digital foi proposta como uma ferramenta adequada para identificar a fonte, o criador, o proprietário, o distribuidor ou o consumidor autorizado de um documento ou de uma imagem (ver Figura 1.1). Pode também ser utilizada para detetar um documento ou uma imagem que tenha sido ilegalmente distribuído ou modificado. Outra tecnologia, a cifragem, é o processo de ocultar informação para a tornar ilegível para observadores sem chaves ou conhecimentos específicos. Esta tecnologia é por vezes designada por cifragem. A marca de água, quando complementada com a encriptação, pode servir um vasto número de objectivos, incluindo a proteção de direitos de autor, a monitorização de emissões e a autenticação de dados.

A marca de água digital é um processo através do qual uma informação arbitrária é codificada numa imagem de forma a ser impercetível para os observadores. Uma marca de água é um padrão de bits inserido num meio digital que pode identificar o criador ou os utilizadores autorizados. A marca de água digital é um ramo da ocultação de informação que é utilizado para ocultar informação proprietária em meios digitais, como fotografias, música digital ou vídeo digital. As marcas de água digitais podem ser utilizadas para verificar a autenticidade ou integridade do sinal portador ou para mostrar a identidade dos seus proprietários. Por conseguinte, a tecnologia de marca de água digital pode ser utilizada para garantir a autenticidade e provar que o conteúdo não foi alterado desde a sua inserção.

A marca de água digital é um processo de modificação de suportes físicos ou electrónicos para incorporar um código legível por máquina nos suportes. O suporte pode ser modificado de forma a que o código incorporado seja impercetível ou quase impercetível para o utilizador, mas pode ser detectado através de um processo de deteção automatizado. As marcas de água digitais - ao contrário das marcas de água tradicionais, impressas e visíveis - são concebidas para serem invisíveis para os espectadores. Normalmente, a marca de água digital é aplicada a sinais de media, como imagens, sinais de áudio e sinais de vídeo. No entanto, pode também ser aplicada a outros tipos de objectos multimédia, incluindo documentos (por exemplo, através da mudança de linhas, palavras ou caracteres), software, modelos gráficos multidimensionais e texturas de superfícies de objectos. Uma vez que uma cópia digital de dados é igual ao original, a marca de água digital é uma ferramenta de proteção passiva. A marca de água digital limita-se a marcar os dados, mas não os degrada nem controla o acesso aos mesmos. Um sinal pode conter várias marcas de água diferentes ao mesmo tempo. Ao contrário dos metadados que são adicionados ao sinal portador, uma marca de água digital não altera o tamanho do sinal portador.

A marca de água digital é frequentemente confundida com a esteganografia. A esteganografia moderna estuda a codificação e a deteção de mensagens secretas transmitidas através de plataformas de comunicação digital. Os métodos esteganográficos escondem a presença de uma mensagem digital arbitrária codificando-a noutros meios digitais, tornando assim muito difícil a sua descoberta por potenciais investigadores [2]. A importância da esteganografia foi recentemente reconsiderada pelos governos no que respeita à segurança da Internet [3,4].

A marca de água digital, por outro lado, centra-se principalmente na proteção dos direitos de propriedade intelectual e na autenticação dos meios digitais [5-7]. A marca de água digital é utilizada para verificar a identidade e a autenticidade do proprietário de uma imagem digital. Trata-se de um processo em que a informação que verifica o proprietário é incorporada na imagem ou sinal digital. À semelhança dos métodos esteganográficos, os métodos de marca de água digital escondem informações em suportes digitais. A diferença consiste no objetivo da informação oculta - diz respeito ao próprio meio digital e contém informações sobre o seu autor, o seu comprador, a integridade do conteúdo, etc. Os métodos de marca de água digital ajudam a manter o controlo da distribuição rápida e barata de informação digital através da Internet. São fornecidas novas formas de garantir a proteção adequada dos detentores de direitos de autor no processo de distribuição da propriedade intelectual [8].

1.2 Classificação na marca de água digital

Há duas etapas principais no processo de marca de água digital:

(1)incorporação de marca de água, em que uma marca de água é inserida numa imagem hospedeira, e

(2)extração da marca de água, em que a marca de água é retirada da imagem

Uma vez que está a ser desenvolvido um grande número de algoritmos de marca de água, é importante definir alguns critérios para os classificar, de modo a compreender como podem ser aplicados diferentes esquemas.

1.2.1 Classificação com base nas características

Esta secção categoriza a marca de água digital em cinco classes, de acordo com as características das marcas de água incorporadas.

1. Cego versus não cego

2. Percetível versus Impercetível

3. Privado versus público

4. Robustez versus fragilidade

5. Domínio espacial versus domínio de frequência

1.2.1.1 Cego versus não cego

Diz-se que uma técnica de marca de água é cega se não requer o acesso aos dados originais sem marca de água (imagem, vídeo, áudio, etc.) para recuperar a marca de água. Inversamente, diz-se que uma técnica de marca de água é não cega se os dados originais forem necessários para a extração da marca de água. Por exemplo, o algoritmo de Barni et al. [9,10] pertence à categoria cega, enquanto o de Cox et al. [11] pertence à categoria não cega. Em geral, o esquema não cego é mais robusto do que o cego porque é óbvio que a marca de água pode ser extraída facilmente conhecendo os dados sem marca de água. No entanto, na maioria das aplicações, o sinal do anfitrião não modificado não está disponível para o detetor de marcas de água. Uma vez que o esquema cego não necessita dos dados originais, é mais útil do que o não cego na maioria das aplicações.

1.2.1.2 Percetível versus Impercetível

Diz-se que uma marca de água é percetível se a marca de água incorporada se destina a ser visível - por exemplo, um logótipo inserido num canto de uma imagem. Uma boa marca de água percetível deve ser difícil de remover por uma pessoa não autorizada e resistir à falsificação. Uma vez que é relativamente fácil incorporar um padrão ou um logótipo numa imagem anfitriã, temos de nos certificar de que a marca de água percetível foi efetivamente inserida pelo autor. Em contrapartida, uma marca de água impercetível é incorporada numa imagem anfitriã através de algoritmos sofisticados e é invisível a olho nu. Pode, no entanto, ser extraída por um computador.

1.2.1.3 Privado versus público

Diz-se que uma marca de água é privada se apenas os utilizadores autorizados a puderem detetar. Por outras palavras, as técnicas de marca de água privada investem todos os esforços para tornar impossível a extração da marca de água por utilizadores não autorizados - por exemplo, utilizando uma chave pseudo-aleatória privada. Esta chave privada indica a localização de uma marca de água na imagem anfitriã, permitindo a inserção e remoção da marca de água se a localização secreta for conhecida. Em contrapartida, as técnicas de marca de água que permitem a qualquer pessoa ler a marca de água são designadas por públicas. As marcas de água públicas são inseridas numa localização conhecida por todos, pelo que o software de deteção de marcas de água pode facilmente detetar a marca de água através da leitura de toda a imagem. Em geral, as técnicas de marca de água privadas são mais robustas do que as públicas, em que uma pessoa pode facilmente remover ou destruir a mensagem quando o código incorporado é conhecido.

Esta é também a forma assimétrica de marca de água pública, em que qualquer utilizador pode ler a marca de água sem a poder remover. Esta forma é designada por criptossistema assimétrico. Neste caso, o processo de deteção (e, em particular, a chave de deteção) é totalmente conhecido por todos, pelo que apenas é necessária uma chave pública para a verificação e uma chave privada para a incorporação.

1.2.1.4 Robustez versus fragilidade

A robustez da marca de água é responsável pela capacidade de a marca de água oculta sobreviver à utilização quotidiana legítima ou à manipulação do tratamento de imagens, como ataques intencionais ou não intencionais. Os ataques intencionais têm como objetivo destruir a marca de água, enquanto os ataques não intencionais não pretendem explicitamente alterá-la. Para efeitos de incorporação, as marcas de água podem ser classificadas em três tipos: (1) robustas, (2) semifrágeis e (3) frágeis. As marcas de água robustas são concebidas para sobreviver a modificações intencionais (maliciosas) ou não intencionais (não maliciosas) da imagem. As modificações intencionais não amigáveis incluem a remoção ou alteração não autorizada da marca de água incorporada e a incorporação não autorizada de qualquer outra informação. As modificações não intencionais incluem operações de processamento de imagem, como escalonamento, corte, filtragem e compressão. As marcas de água robustas são normalmente utilizadas para proteção de direitos de autor para declarar a propriedade legítima.

As marcas de água semi-frágil são concebidas para detetar qualquer modificação autorizada, permitindo ao mesmo tempo algumas operações de processamento de imagem. São utilizadas para autenticação selectiva que detecta distorção ilegítima, ignorando aplicações de distorção legítima. Por outras palavras, as técnicas de marca de água semifrágil podem distinguir o processamento comum de imagens e o ruído de preservação de conteúdos - como a compressão com perdas, o erro de bits ou o "ruído sal e pimenta" - da modificação maliciosa de conteúdos.

Para efeitos de autenticação, são adoptadas marcas de água frágeis para detetar quaisquer modificações não autorizadas. As técnicas de marca de água frágil preocupam-se com a verificação completa da integridade. A mais pequena modificação da imagem com marca de água altera ou destrói a marca de água frágil.

1.2.1.5 Domínio espacial versus domínio de frequência

Existem dois domínios de imagem para a incorporação de marcas de água: o domínio espacial e o domínio da frequência. No domínio espacial, podemos simplesmente inserir uma marca de água numa imagem anfitriã, alterando os níveis de cinzento de alguns pixels da imagem anfitriã. Este método tem a vantagem de ser pouco complexo e fácil de implementar, mas a informação inserida pode ser facilmente detectada através de análise informática ou pode ser facilmente atacada. Podemos inserir a marca de água nos coeficientes da imagem transformada no domínio da frequência. As transformações incluem a transformada discreta de cosseno, a transformada discreta de Fourier e a transformada discreta de wavelet. No entanto, se incorporarmos demasiados dados no domínio da frequência, a qualidade da imagem degradar-se-á significativamente.

As técnicas de marca de água no domínio espacial são normalmente menos resistentes a ataques como a compressão e a adição de ruído. No entanto, têm uma complexidade computacional muito menor e, normalmente, conseguem sobreviver a um ataque de corte, o que as técnicas de marca de água no domínio da frequência muitas vezes não conseguem fazer. Outra técnica consiste em combinar técnicas de marca de água no domínio espacial e no domínio da frequência para aumentar a robustez.

1.2.2 Classificação com base nas aplicações

As técnicas de marca de água digital são classificadas em cinco tipos, com base nas suas aplicações:

1. Proteção dos direitos de autor

2. Autenticação de dados

3. Recolha de impressões digitais

4. Controlo de cópia

5. Controlo do dispositivo

1.2.2.1 Proteção dos direitos de autor

A marca de água foi inicialmente criada para proteger os direitos de autor dos conteúdos dos meios de comunicação. É necessário que as informações de direitos de autor incorporadas sobrevivam a todos os tipos de ataques intencionais, como compressões, ruídos e ataques geométricos. A proteção dos direitos de autor exige que o sistema de marca de água atinja uma elevada probabilidade de deteção com uma probabilidade muito baixa de falsos alarmes. Na literatura, esta tecnologia é frequentemente designada por marca de água robusta. O Stirmark [12, 13] serve como uma boa referência para as suas avaliações de desempenho.

1.2.2.2 Autenticação de dados

Impede os atacantes de adulterarem os conteúdos digitais. Um sinónimo para esta aplicação é a marca de água frágil [14-18], que detecta qualquer forma de alteração, mesmo que um bit seja convertido. No entanto, o seu papel pode ser totalmente cumprido pela assinatura digital em criptografia. Em [19], Cox esclarece as suas diferenças. Se, no entanto, quisermos apenas impedir que alguém faça ataques maliciosos aos conteúdos digitais, podemos empregar marcas de água semi-frágeis [20-24] para obter robustez contra operações de processamento de sinal não intencionais, como compressões e ruídos de canal, e fragilidade contra adulterações maliciosas.

1.2.2.3 Recolha de impressões digitais

Exige também que a marca de água incorporada tenha uma robustez suficiente contra ataques maliciosos [25-34]. No entanto, a diferença subtil entre o rastreio de transacções e a proteção dos direitos de autor é que o primeiro identifica os compradores, enquanto o segundo identifica os produtores. Assim, no caso do rastreio de transacções, é atribuído um número de série único ao conteúdo com marca de água de cada comprador. Se alguém redistribuir ilegalmente a sua cópia, o número de série único pode revelar a sua identidade no detetor de marcas de água.

1.2.2.4 Controlo de cópia

As marcas de água digitais são normalmente utilizadas em aplicações de controlo de cópias para comunicar informações de gestão de cópias através de interfaces analógicas. Os dispositivos compatíveis extraem informações de gestão de cópias e impedem a utilização ilícita de conteúdos protegidos por direitos de autor. O atacante pode tentar remover as marcas de água, distorcê-las para além do reconhecimento ou contornar o extrator.

1.2.2.5 Controlo do dispositivo

Neste cenário, o leitor multimédia é controlado pela marca de água digital. Se as informações de direitos de autor pretendidas não puderem ser detectadas a partir dos conteúdos do anfitrião, o leitor recusa-se a reproduzir e a gravar os conteúdos não autorizados. Se todos os fabricantes de dispositivos cumprirem estas políticas de controlo de dispositivos, a pirataria pode ser desencorajada. No entanto, em cenários reais, é difícil implementar estas políticas devido à dificuldade de cooperação global.

1.3 Processo de marca de água digital

A figura 1.2 mostra um sistema geral de marca de água digital. Uma mensagem de marca de água é incorporada numa mensagem multimédia, que é definida como a imagem anfitriã. A imagem resultante é a imagem com marca de água. No processo de incorporação, é utilizada uma chave secreta K-, que é um gerador de números aleatórios, para gerar uma marca de água segura. A imagem com marca de água é então transmitida através de um canal de comunicação. A marca de água pode ser posteriormente detectada ou extraída pelo destinatário.

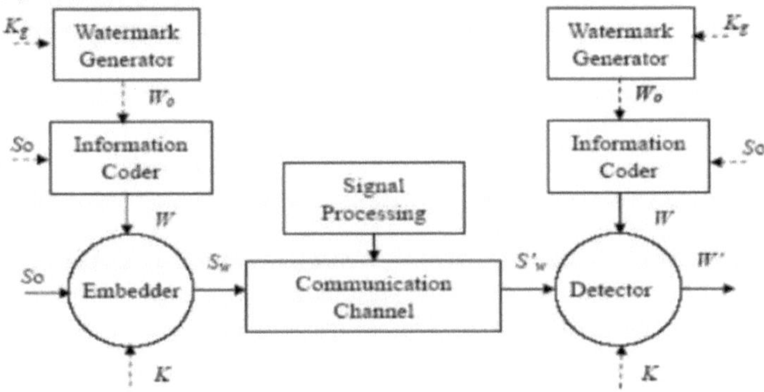

Figura 1.2

Na técnica de marca de água digital, quando os direitos de autor ou outras informações são incorporados nos dados subjacentes, os dados incorporados devem manter a qualidade do sinal anfitrião. Para conseguir a proteção dos direitos de autor, o algoritmo deve cumprir alguns requisitos básicos

i) Impercetibilidade: A marca de água não deve afetar a qualidade do sinal original, pelo que deve ser invisível/ inaudível aos olhos/ouvidos humanos.

ii) Robustez: Os dados com marca de água não devem ser removidos ou eliminados por distribuidores não autorizados, pelo que devem ser robustos para resistir a manipulações comuns de processamento de sinais, como a filtragem, a compressão e a filtragem com compressão.

iii)Capacidade: O número de bits que podem ser incorporados num segundo do sinal do anfitrião.

iv)Segurança: A marca de água só deve ser detectada por uma pessoa autorizada.

v) A deteção da marca de água deve ser efectuada sem fazer referência aos sinais originais.

vi)A marca de água deve ser indetetável sem conhecimento prévio da sequência da marca de água incorporada.

vii)   A marca de água é diretamente incorporada nos sinais e não num cabeçalho do sinal.

Todos estes requisitos são muitas vezes contraditórios entre si e é necessário estabelecer um compromisso entre eles. Por exemplo, o aumento da taxa de dados no sistema de marca de água resulta na degradação da qualidade do sinal com marca de água e diminui a robustez contra ataques. A impercetibilidade e a robustez são as propriedades mais importantes para muitas aplicações. Estes requisitos contraditórios colocam muitos desafios à conceção de marcas de água robustas.

Qualquer algoritmo de marca de água é composto por três partes:

a) A marca de água, que é única para o proprietário.

b) O codificador para incorporar a marca de água nos dados.

c) O descodificador para extração e verificação.

1.3.1 Geração de marcas de água

O sinal da marca de água é tipicamente um sinal pseudo-aleatório com uma amplitude muito menor do que a da imagem original e normalmente com distribuição de cada bit num grupo de pixels [35]. O sinal pseudo-aleatório é geralmente gerado com uma distribuição de densidade de probabilidade gaussiana, uniforme ou bipolar, utilizando uma semente secreta. As marcas de água podem também ser uma cadeia de bits ou um conjunto de números reais gerados pseudo-aleatoriamente ou uma pequena imagem, como um logótipo.

1.3.2 Codificação de marcas de água

A ideia geral é incorporar uma marca única numa imagem digital, de modo a que não possa ser percebida pelo sistema visual humano, mas que possa ser extraída posteriormente utilizando a chave secreta do proprietário do conteúdo para provar a propriedade. Podemos codificar e descodificar uma marca de 4096 bits na imagem. A marca é uma imagem binária que foi gerada de forma exclusiva pelo sistema de marca de água. A imagem de cobertura é primeiro transformada num domínio que facilita a incorporação de dados. A marca de água pode ser incorporada ou codificada, geralmente adicionando ou multiplicando o sinal ao canal de luminância da imagem de cobertura, aos canais de cor ou a ambos. Para aumentar a segurança e a invisibilidade, é aplicada uma codificação de espetro alargado com a combinação de uma técnica de modelação. Na codificação por espalhamento espetral, o sinal da marca de água é espalhado sobre outro sinal conhecido e depois adicionado à imagem. A modelação pode ser efectuada aumentando e diminuindo a energia da marca de água em algumas áreas para se adaptar (tornar-se menos visível) ao trabalho original. No domínio DCT-Block, os coeficientes são modificados de acordo com o conteúdo da marca de água, quer por requantização, substituição ou modificação para impor uma relação [36, 37].

1.3.2 Descodificação da marca de água

Na fase de extração, algumas técnicas de marca de água necessitam da imagem original do anfitrião para subtrair as imagens com marca de água. Estas técnicas são designadas por marca de água "informada" ou privada [38]. Outras técnicas não necessitam da imagem original do hospedeiro, mas precisam de uma semente secreta para gerar a marca de água original para comparação. Estes sistemas são designados por marca de água "cega". Um sistema de marca de água é "semi-cego" se se basear em alguns dados ou características derivados da imagem original do hospedeiro. É importante distinguir entre a verificação da marca de água e a extração da marca de água. Na maior parte da literatura, a marca de água é apenas verificada, ou seja, é efectuada uma correlação entre a potencial imagem com marca de água e a imagem com marca de água original utilizando a correlação normalizada. O resultado de um sistema de verificação é uma resposta do tipo sim/não. A extração da marca de água é efectuada reconstruindo a marca de água bit a bit a partir de uma potencial imagem com marca de água e comparando-a com a marca de água original. É definido um limiar para a percentagem de semelhança (taxa de erro de bits) entre as duas. Uma imagem marcada com uma marca de água e uma chave secreta são utilizadas pelo descodificador da marca de água para extrair o sinal original da marca de água.

1.4 Ataques a marcas de água

Uma imagem com marca de água é suscetível de ser sujeita a certas manipulações intencionais e não intencionais, como compressão, ruído, corte, filtragem, etc. Seguem-se algumas das manipulações

a) Os esquemas de compressão como o JPEG e o MPEG degradam a qualidade dos dados, podendo assim alterar a marca de água.

b) As operações geométricas, como a rotação, a translação, o redimensionamento e o corte, distorcem os dados e, possivelmente, alteram a marca de água.

c) Operações de processamento de sinais, como conversão de digital para analógico, conversão de analógico para digital, reamostragem, requantização, dithering, filtragem linear, filtragem não linear, etc.

d) A impressão e a nova digitalização, a nova marca de água e a falsificação são alguns dos ataques intencionais que alteram a marca de água.

1.5 Problemas na marca de água

Um problema específico da marca de água digital é a sincronização de um detetor para lidar com a distorção geométrica de uma imagem com marca de água. Foram desenvolvidas várias técnicas para lidar com a distorção geométrica em imagens com marcas de água. Uma técnica consiste em tornar a marca de água mais robusta à distorção geométrica, incorporando-a em atributos da imagem que são relativamente invariáveis à distorção geométrica. Embora isto melhore a distorção nalguns casos, normalmente não resolve todas as formas de distorção geométrica e as distorções geométricas mais complexas e não lineares.

Outra técnica consiste em incluir características de calibração geométrica no sinal da marca de água que permitem a deteção e a estimativa dos parâmetros de distorção geométrica, como a rotação e a escala. Estas características incluem, por exemplo, picos de sinal de calibração num determinado domínio de transformação, como o domínio de autocorrelação e/ou o domínio de Fourier. Estas técnicas utilizam técnicas de correlação ou outros métodos de correspondência de padrões para estimar os parâmetros de distorção geométrica afim. Por exemplo, a correlação cruzada do sinal recebido e do sinal de calibração em domínios de transformação específicos produz picos de correlação que correspondem a parâmetros de distorção afim, tais como rotação, escala, translação, cisalhamento e escala diferencial.

Estas técnicas não permitem uma estimativa da distorção geométrica sem erros. Nalguns casos, os erros resultam da estimativa, mesmo quando a distorção geométrica é linear. Além disso, os parâmetros da transformada afim só podem aproximar a distorção geométrica que é não linear. Por exemplo, pode fornecer uma estimativa linear por partes da distorção afim em sub-blocos de uma imagem, mas nem sempre pode representar com exatidão a distorção não linear de uma forma que conduza a uma recuperação sem erros da mensagem da marca de água digital.

Ocorrem problemas semelhantes na marca de água em áudio, em que as distorções temporais, como as alterações da escala de tempo sem variação de altura, as alterações da velocidade linear, a amostragem ascendente/descendente, o corte e a compressão de perdas, dificultam a sincronização do detetor para uma descodificação exacta dos carregamentos de mensagens incorporados. Estas e outras distorções introduzem uma forma de distorção geométrica do sinal de marca de água digital no sinal de áudio do hospedeiro.

Um método para sincronizar um detetor de marca d'água também está presente. Um aspeto deste método é a sincronização de um detetor de marca de água digital. O detetor funciona num sinal com marca de água em que um sinal de marca de água foi distribuído por todo o sinal do meio anfitrião e, de preferência, repetidamente incorporado em segmentos do sinal do meio anfitrião (por exemplo, música, imagem ou sinal de vídeo). O método divide um sinal com marca de água em blocos, cada bloco incluindo uma porção de um sinal de marca de água.

Por exemplo, no caso em que a marca de água é replicada em segmentos do sinal do hospedeiro, estes blocos subdividem cada segmento em partes mais pequenas. Para cada bloco, o método calcula um espaço de correlação local que inclui uma vizinhança de valores de correlação, correlacionando os dados com marca de água no bloco com um sinal de marca de água conhecido numa vizinhança em torno do bloco. Em seguida, encontra um máximo de correlação no espaço de correlação local para cada bloco, em que o máximo de correlação indica um desvio local utilizado para alinhar os dados com marca de água no bloco antes de descodificar uma mensagem de marca de água do bloco.

Este método aplica-se a sinais com marcas de água de diferentes tipos de suportes. Além disso, pode ser utilizado para sincronizar a deteção de marcas de água e a leitura de mensagens em vários domínios de sinal, como o domínio espacial, o domínio temporal, o domínio da frequência ou outro domínio de transformação (por exemplo, autocorrelação, wavelet, Fourier, etc.). Por exemplo, pode ser aplicado no domínio espacial ou no domínio da frequência espacial para imagens e fotogramas de vídeo, bem como no domínio do tempo ou da frequência para áudio. Pode também ser aplicada no domínio tempo-frequência para sinais áudio e vídeo.

CAPÍTULO 2

PESQUISA BIBLIOGRÁFICA

Brassil et al. [39] investigaram diferentes métodos para marcar texto em documentos com uma palavra de código binária única que serve para identificar utilizadores legítimos do documento. A palavra de código é incorporada num documento através de modificações subtis na estrutura do documento, como a modulação da largura da linha e do espaçamento entre palavras, bem como a modificação dos tipos de letra dos caracteres. A presença da palavra de código não degrada visivelmente o documento, mas pode ser facilmente detectada através de uma comparação com o original. As operações normais de tratamento de documentos, como a fotocópia e a digitalização, não removem a marca. A mesma ideia pode ser alargada para incluir a proteção de imagens.

Kurak e McHugh [40] analisaram a possível aplicação de características redundantes em imagens digitais à transmissão de informação. A sua preocupação era a transmissão de vírus perigosos (ou "programas cavalo de Troia") nos bits menos significativos de um fluxo de dados. Observaram que a simples visualização de uma imagem não é suficiente para detetar a presença de alguma forma de corrupção. Dependendo da textura da imagem e da qualidade do monitor do computador, é possível explorar a gama dinâmica limitada do olho humano para esconder imagens de baixa qualidade dentro de outras imagens. Walton [41] desenvolveu uma técnica de introdução de somas de controlo nos bits menos significativos de uma imagem para implementar uma marca de água frágil e, assim, impedir a adulteração não autorizada.

Dautzenberg e Boland [42] examinaram a utilização dos bits menos significativos como um esquema possível para a introdução de marcas de água em imagens. Esta abordagem deu resultados muito fracos porque os esquemas de compressão com perdas padrão, como o JPEG [43], tendem a ter o efeito de tornar aleatórios os bits menos significativos durante a fase de quantização da compressão de imagens.

Zhao e Koch [44] investigaram uma abordagem para a marcação de água em imagens baseada no algoritmo de compressão de imagem JPEG [43]. A sua abordagem consiste em segmentar a imagem em blocos individuais de 8 x 8. Apenas oito coeficientes que ocupam posições específicas no bloco 8 x 8 de coeficientes DCT podem ser marcados. Estes compreendem os componentes de baixa frequência do bloco de imagem, mas excluem o coeficiente de valor médio (na coordenada (0,0)), bem como as baixas frequências nas coordenadas (0,1) e (1,0). Três dos restantes coeficientes DCT são seleccionados utilizando um gerador de números pseudo-aleatórios para transmitir informações. A semelhança desta técnica com as comunicações por espetro alargado de salto de frequência é mencionada pelos autores [44]. Zhao e Koch tomam ainda a precaução de colocar os blocos em posições aleatórias na imagem, de modo a tornar menos provável um ataque bem sucedido por parte de um inimigo.

Tirkel et al. [45, 46] e Van Schyndel et al. [47, 48] aplicaram as propriedades das sequências m para produzir marcas de água resistentes à filtragem e ao recorte de imagens e razoavelmente robustas a ataques criptográficos. A imagem original não é necessária para descodificar a marca. Trabalhos recentes [48] indicam progressos na produção de marcas de água mais robustas.

Matsui [49] aplicou a codificação preditiva linear para a marca de água em vídeo, fac-símile, imagens binárias dithered e imagens a cores e à escala de cinzentos. A sua abordagem à ocultação de uma marca de água consiste em fazer com que a marca de água se assemelhe a ruído de quantização. Até certo ponto, a sua abordagem pode ser considerada como perceptualmente adaptável, porque o ruído de quantização está concentrado em torno de bordos e características texturizadas. Cox et al. [50] consideram que este método pode não ser resistente ao recorte. O' Ruanaidh et al. [51] e Cox et al. [50] desenvolveram métodos no domínio da transformada perceptualmente adaptáveis para a criação de marcas de água. Em contraste direto com as abordagens anteriores acima referidas, a ênfase foi colocada na incorporação da marca de água nos componentes mais significativos de uma imagem. A abordagem geral utilizada nestes trabalhos consiste em dividir a imagem em blocos. Cada bloco é mapeado no domínio da transformada utilizando a transformada discreta do cosseno [43, 52-54], a transformada de Hadamard [521 ou a transformada wavelet de Daubechies [53]. Apenas os componentes mais significativos para a inteligibilidade da imagem são marcados.

Os esquemas de modulação no domínio da transformação possuem uma série de características desejáveis. Em primeiro lugar, é possível marcar de acordo com o significado percetivo de diferentes componentes do domínio da transformação, o que significa que é possível colocar marcas de água de forma adaptável onde são menos perceptíveis, como na textura de uma imagem. Como resultado, uma marca de água no domínio da transformação tende a assemelhar-se à imagem original. A marca de água está também irregularmente distribuída por todo o sub-bloco da imagem, o que torna mais difícil a descodificação e a leitura da marca por parte de inimigos que possuam cópias independentes da imagem.

O esquema descrito por Cox et al. [50] difere do utilizado por O' Ruanaidh et al. [51] em vários aspectos. As principais diferenças residem na deteção e descodificação da marca. Cox et al. incorporam nos coeficientes uma sequência Gaussiana única distribuída. A distribuição gaussiana é escolhida para evitar ataques por partes coniventes que comparam cópias independentes da imagem. O' Ruanaidh et al. [51] utilizam uma abordagem alternativa em que um código binário é diretamente incorporado na imagem. Uma das vantagens desta última abordagem é o facto de evitar a necessidade de manter grandes bases de dados de marcas de água. Uma desvantagem é o facto de as sequências assim produzidas terem um valor discreto e, por conseguinte, a marca de água ser menos resistente a conluios. No entanto, nada impede que se utilizem marcas de água contínuas para transmitir informação digital. Isto combinaria as melhores características de ambas as abordagens. A transformada discreta de Fourier (DFT) também pode ser utilizada em marcas de água. A transformada discreta de Fourier de uma imagem real é geralmente de valor complexo. Isto conduz a uma representação da magnitude e da fase da imagem. Os métodos de domínio da transformada descritos acima marcam os componentes das transformadas de valor real. O' Ruanaidh et al. [55] e O' Ruanaidh et al. [51] também investigaram a utilização da fase da DFT para a transmissão de informação. Há uma série de razões para o fazer. Em primeiro lugar, e mais importante, o sistema visual humano é muito mais sensível a distorções de fase do que a distorções de magnitude [56]. Oppenheim e Lim [57] investigaram a importância relativa dos componentes de fase e de magnitude da DFT para a inteligibilidade de uma imagem e concluíram que a fase é mais significativa. Em segundo lugar, a partir da teoria das comunicações, sabe-se que a modulação de fase pode possuir uma imunidade superior ao ruído quando comparada com a modulação de amplitude.

Dautzenberg e Boland [42] e Caronni [58] investigaram uma técnica muito simples para inserir marcas de água em imagens. Uma imagem é dividida em blocos. A média de cada bloco pode então ser aumentada para codificar um '1' ou diminuída para codificar um '0' (ou vice-versa). Isto é designado por codificação bidirecional. Em alternativa, a média pode ser incrementada para codificar um "1" e deixada inalterada para codificar um "0". Esta é a chamada codificação unidirecional. A abordagem bloco-média sofre da grave desvantagem de um inimigo que esteja na posse de um certo número de cópias independentes da imagem poder comparar as diferentes cópias e ler a maior parte, se não a totalidade, da mensagem codificada. Caronni [58] mostra que o número esperado de bits não detectados diminui exponencialmente com o número de cópias. Caronni combate esta fraqueza específica aleatorizando tanto o tamanho dos blocos como as posições dos blocos dentro da imagem. Apesar da sua simplicidade, o método de marcação de imagens por blocos provou ser altamente robusto em relação à compressão de imagens com perdas, à fotocópia e à digitalização a cores e ao dithering [58, 42].

Mundher et al. [59] apresenta uma abordagem de marca de água em imagens digitais para manter a propriedade e a autenticação verdadeira. Para garantir a propriedade intelectual de imagens, áudio e vídeos, a marca de água W é convertida numa sequência de bits e, para encriptar a marca de água, é selecionada aleatoriamente uma sequência de tamanho R. Além disso, é gerado um número pseudo-aleatório para calcular os pixels para a geração da chave de seleção. Por fim, aplica-se uma transformada de seno discreta (DST) de 2 níveis à imagem anfitriã para a dividir nos canais vermelho, verde e azul. Os resultados obtidos com a metodologia proposta revelam robustez face ao estado da arte existente. Além disso, a sua abordagem extrai eficazmente a marca de água na ausência das imagens originais.

Lang et al. [60] propuseram um novo algoritmo de marca de água em imagens digitais cegas baseado na transformada de Fourier fraccionada (FRFT), que é uma generalização da transformada de Fourier normal e a sua saída tem os componentes mistos de tempo e frequência do sinal. A imagem original é segmentada em blocos não sobrepostos para a marca de água, e cada bloco é transformado pela transformada de Fourier fraccionada bidimensional com duas ordens fraccionadas. Em seguida, o valor de cada pixel da marca de água binária é incorporado modificando os coeficientes FRFT da diagonal posterior de cada bloco de imagem no mesmo local com uma matriz aleatória. Após a realização de uma transformada de Fourier fraccionada bidimensional inversa, obtém-se a imagem com marca de água e as ordens de transformação são consideradas como as chaves de encriptação neste método. Realizaram uma série de experiências de ataque. Os resultados das experiências mostram que o algoritmo proposto tem uma boa impercetibilidade e segurança e é muito resistente a ataques de ruído de compressão JPEG e a operações de manipulação de imagens, podendo também proporcionar proteção contra ataques compostos.

Parashar e Singh [61] apresentam um estudo sobre as técnicas existentes de marca de água em imagens digitais. Compararam os resultados de várias técnicas de marca de água em imagens digitais com base nos resultados. Na marca de água digital, a informação secreta é implantada nos dados originais para proteger os direitos de propriedade dos dados multimédia. As técnicas de marca de água em imagens podem dividir-se com base no domínio, como o domínio espacial ou o domínio de transformação, ou com base em wavelets. As técnicas do domínio espacial trabalham diretamente nos pixéis e as do domínio da frequência trabalham nos coeficientes de transformação da imagem. O estudo apresenta os métodos mais importantes do domínio espacial e do domínio de transformação e centra-se nos méritos e deméritos destas técnicas.

Han et al. [62] propuseram um novo algoritmo de marca de água digital para imagens a cores. Processaram a marca de água para gerar duas acções baseadas em criptografia visual. Uma das partes é incorporada numa imagem a cores e a outra é protegida por direitos de autor. O seu esquema é fácil de implementar e altamente viável. No seu algoritmo, a capacidade de incorporação das marcas de água e a robustez são melhoradas de forma eficaz.

CAPÍTULO 3

DESCRIÇÃO DO PROBLEMA

3.1 Sistema atual

Os sistemas existentes utilizam o conceito de marca de água única. Neste conceito, a sobregravação é aplicada apenas uma vez. Por isso, a segurança é baixa quando comparada com a do sistema proposto.

3.2 Sistema proposto

O método proposto, baseado em álgebra linear elementar, é assimétrico, envolvendo uma chave privada para a incorporação e para a deteção. A sua robustez face a operações normais de degradação da imagem foi amplamente testada e a sua segurança sob ataque de projeção também foi comprovada, apesar de a aplicação prevista se referir a um ambiente colaborativo, no qual os ataques maliciosos não são um aspeto crítico. Aqui também fornecemos múltiplos conceitos de marca de água, tais como a imagem de amostra sobrescrever mais do que uma vez a imagem original.

3.3 Ambiente do sistema

O Microsoft Visual Studio.Net é utilizado como ferramenta de front end. A razão para selecionar o Visual Studio.Net como ferramenta de front-end é a seguinte:

• O Visual Studio.Net tem flexibilidade, permitindo que uma ou mais linguagens sejam interoperáveis para fornecer a solução. Esta compatibilidade entre linguagens permite realizar projectos a um ritmo mais rápido.

• O Visual Studio.Net tem o Common Language Runtime, que permite que todo o componente converja para um formato intermédio e possa depois interagir.

• O Visual Studio.Net proporciona uma excelente segurança quando a sua aplicação é executada no sistema

• O Visual Studio.Net tem flexibilidade, permitindo-nos configurar o ambiente de trabalho para melhor se adequar ao nosso estilo individual. Podemos escolher entre uma interface de documento único ou múltiplo, e podemos ajustar o tamanho e o posicionamento dos vários elementos do IDE.

- O Visual Studio.Net tem uma funcionalidade de inteligência que facilita a codificação e também uma ajuda dinâmica que proporciona muito menos tempo de codificação.

- O ambiente de trabalho no Visual Studio.Net é frequentemente designado por Ambiente de Desenvolvimento Integrado, porque integra muitas funções diferentes, como a conceção, a edição, a compilação e a depuração, num ambiente comum. Na maioria das ferramentas de desenvolvimento tradicionais, cada um dos programas é separado, cada um com a sua própria interface.

- A linguagem Visual Studio.Net é um editor visual gratuito bastante poderoso que inclui funcionalidades como o preenchimento automático de código, a formatação automática de código, a funcionalidade de integração de bases de dados, a depuração e muito mais.

- Depois de criar uma aplicação Visual Studio. Net, se quisermos distribuí-la a outros, podemos distribuir livremente qualquer aplicação a qualquer pessoa que utilize o Microsoft Windows. Podemos distribuir as nossas aplicações em disco, em CDs, através de redes, ou através de uma intranet ou da Internet.

- As barras de ferramentas permitem um acesso rápido aos comandos mais utilizados no ambiente de programação. Clicamos uma vez num botão da barra de ferramentas para executar a ação representada por esse botão. Por defeito, a barra de ferramentas padrão é apresentada quando iniciamos o Visual Basic. As barras de ferramentas adicionais para edição, desenho de formulários e depuração podem ser activadas ou desactivadas a partir do comando de barras de ferramentas no menu de visualização.

- Muitas partes do Visual Studio são sensíveis ao contexto. Sensível ao contexto significa que podemos obter ajuda nestas partes diretamente sem ter de passar pelo menu de ajuda. Por exemplo, para obter ajuda sobre qualquer palavra-chave na linguagem Visual Basic, coloque o ponto de inserção nessa palavra-chave na janela de código e prima F1.

O Visual Studio interpreta o nosso código à medida que o introduzimos, detectando e realçando a maior parte dos erros de sintaxe ou ortográficos em tempo real. É quase como ter um especialista a olhar por cima do nosso ombro enquanto introduzimos o nosso código.

3.4 Requisitos do sistema

Requisitos de hardware

- Sistema   : i7 - CPU 2640M, 2,80 Ghz

- Disco rígido   : 500 GB

  -Monitor   : 1920 * 1080 Full HD

  -Ram   : 8 GB

- Teclado   : 110 teclas optimizadas

Requisitos de software

- Sistema operativo   : Windows 7

- Extremidade frontal   : Microsoft Visual Studio .Net 2010

  -Linguagem de codificação   : Visual C#

CAPÍTULO 4

ANÁLISE DO SISTEMA

A possibilidade de adicionar várias marcas de água à mesma imagem permitiria muitas aplicações interessantes, tais como o rastreio de documentos multimédia, a monitorização da utilização de dados e a gestão de propriedades múltiplas. Neste artigo, apresentamos um novo esquema de marca de água, que permite inserir e detetar de forma fiável várias marcas de água incorporadas sequencialmente numa imagem digital. O método proposto, baseado em álgebra linear elementar, é assimétrico, seguro sob ataque de projeção e robusto contra a distorção devida a operações básicas como o armazenamento, a transmissão e a conversão de formatos.

4.1 Módulos de sistema

4.1.1 Marca de água de texto

As técnicas de marca de água de texto devem implantar marcas de água únicas e invisíveis nos documentos que permaneçam intactas após diversos ataques de adulteração. A deteção de adulteração pode ser feita por avaliação do texto e a própria marca de água deve ser à prova de adulteração. As marcas de água frágeis podem ser utilizadas para detetar a adulteração de documentos. Se a marca de água for detectada, o documento é genuíno; caso contrário, foi adulterado. É necessário autenticar documentos, especialmente para fins legais. No módulo, o utilizador pode escolher e formatar o texto a utilizar como marca de água. O texto introduzido também pode ser reposicionado dentro da imagem para aumentar a segurança. A opacidade pode ser aumentada ou diminuída consoante as necessidades.

4.1.2 Marcação de água de imagens

Para o efeito, o método aplica a transformada afim ao pequeno bloco utilizando os parâmetros estimados da transformada afim. O método interpola as amostras de imagem calculadas a partir da transformada afim para calcular os valores das amostras de imagem em locais discretos dentro do bloco transformado. Estes valores de amostra interpolados formam um bloco de dados de imagem que se aproxima de um bloco da imagem com marca de água no momento da incorporação. No entanto, subsistem erros devidos à estimativa e à distorção não linear.

De seguida, o método calcula a correlação local entre o componente conhecido do sinal da marca de água e o bloco interpolado. O método desloca então o bloco interpolado por uma localização discreta de amostra para cada uma das localizações vizinhas. Para cada uma destas localizações, repete-se o cálculo da correlação. A correlação é calculada como o produto interno da versão interpolada/deslocada do bloco de imagem com marca de água e o bloco de sinal de marca de água esperado para essa localização com base nos parâmetros da transformada afim. No total, o processo de correlação produz uma matriz bidimensional (por exemplo, 3 por 3) de valores de correlação, formando uma superfície de correlação a partir do bloco. Uma vez que os blocos interpolados e os blocos deslocados correspondentes são compostos por amostras de imagem em localizações inteiras, a superfície de correlação é também composta por valores de correlação em localizações inteiras.

O método estima então a localização da subamostra do máximo de correlação na superfície de correlação. Embora existam formas alternativas de calcular esta localização da subamostra, a nossa implementação atual utiliza uma abordagem de centro de massa. A localização do centro de massa identifica uma localização de deslocamento de subamostra e o valor de deslocamento correspondente que pode ser utilizado para alinhar os dados antes de descodificar os símbolos de mensagem de marca de água incorporados nos mesmos. Se o sinal da marca de água estiver presente com energia suficiente com base no valor de correlação e o desvio exceder um valor limite, é utilizado para realinhar os dados da imagem no bloco antes da descodificação da marca de água.

A implementação repete o processo acima em pequenos blocos ao longo da imagem com marca de água. Na nossa implementação, a mensagem completa da marca de água é replicada em blocos maiores ao longo da imagem, e os blocos pequenos são sub-blocos do bloco maior. Como tal, a mensagem completa pode ser extraída de um subconjunto da imagem utilizando uma coleção dos blocos mais pequenos.

Repetindo o processo acima para linhas e/ou colunas de sub-blocos, o detetor de marca de água gera um conjunto de deslocamentos de subamostras, cada um fornecendo uma estimativa das coordenadas utilizadas para alinhar blocos locais dos dados com marca de água antes da extração da mensagem de marca de água. Uma melhoria adicional do método armazena estes desvios de subamostras e aplica o ajuste de curvas para ajustar os desvios (por exemplo, os vectores de deslocamento translacional horizontal e vertical) a uma curva. Este processo de ajuste de curva filtra o conjunto de desvios para fornecer um conjunto refinado de desvios de subamostras. Este conjunto refinado de desvios é então utilizado para alinhar os dados da imagem da marca de água antes de efetuar as operações de descodificação da mensagem.

Uma outra melhoria consiste em utilizar os desvios e os valores de correlação associados a cada um deles para obter coordenadas de alinhamento mais exactas. Em particular, o modelo de ajuste de curva pondera os desvios pelo valor de correlação correspondente, de modo a que os desvios com valores de correlação mais baixos tenham menos peso. Além disso, nos locais onde os valores de correlação são baixos ou os valores de desvio parecem ruidosos, o detetor de marca de água pode direcionar as operações de descodificação de mensagens para longe desses locais e, em vez disso, concentrar-se em blocos de dados que tenham valores de correlação mais elevados e/ou valores de desvio menos ruidosos. Para obter uma descodificação de mensagens mais precisa, o leitor de marcas de água descodifica seletivamente símbolos de mensagens incorporados a partir de sub-blocos dentro de um bloco que contenha um sinal de marca de água, em que os sub-blocos têm métricas de deteção mais elevadas, tal como indicado pelos valores de correlação e pelo conjunto de desvios dos sub-blocos vizinhos. Isto permite que as operações de descodificação de mensagens se concentrem em regiões localizadas dentro de um bloco do sinal recebido.

4.1.3 Marcação de água com chave

O último módulo deste projeto é a encriptação baseada em chaves. Neste módulo, a imagem escolhida pelo utilizador é encriptada no remetente utilizando uma chave de 8 dígitos gerada aleatoriamente ou especificada pelo utilizador. No lado do recetor, a imagem original enviada pelo utilizador só pode ser extraída depois de introduzida a chave correcta.

4.2 Diagramas

4.2.1 Diagrama de casos de uso

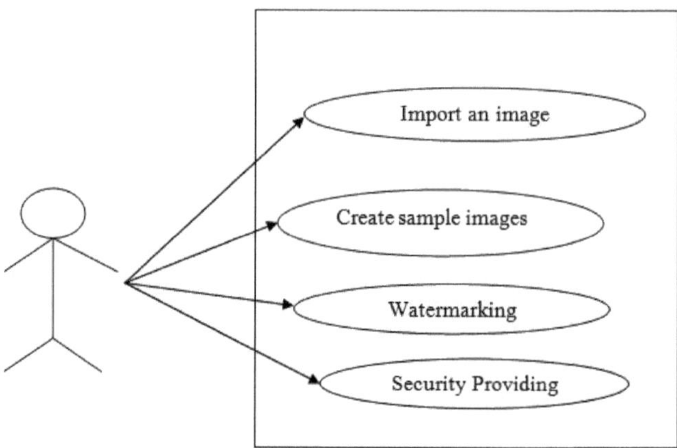

Figura 4.1 Diagrama de casos de utilização

4.2.2 Diagrama de actividades

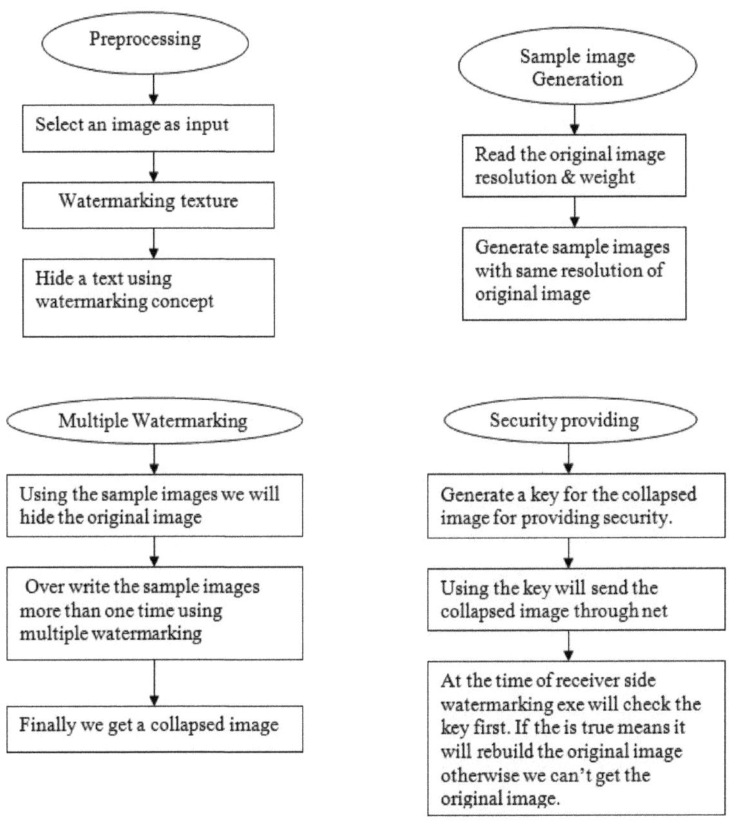

Figura 4.2 Diagrama de actividades

4.2.3 Diagrama de classes

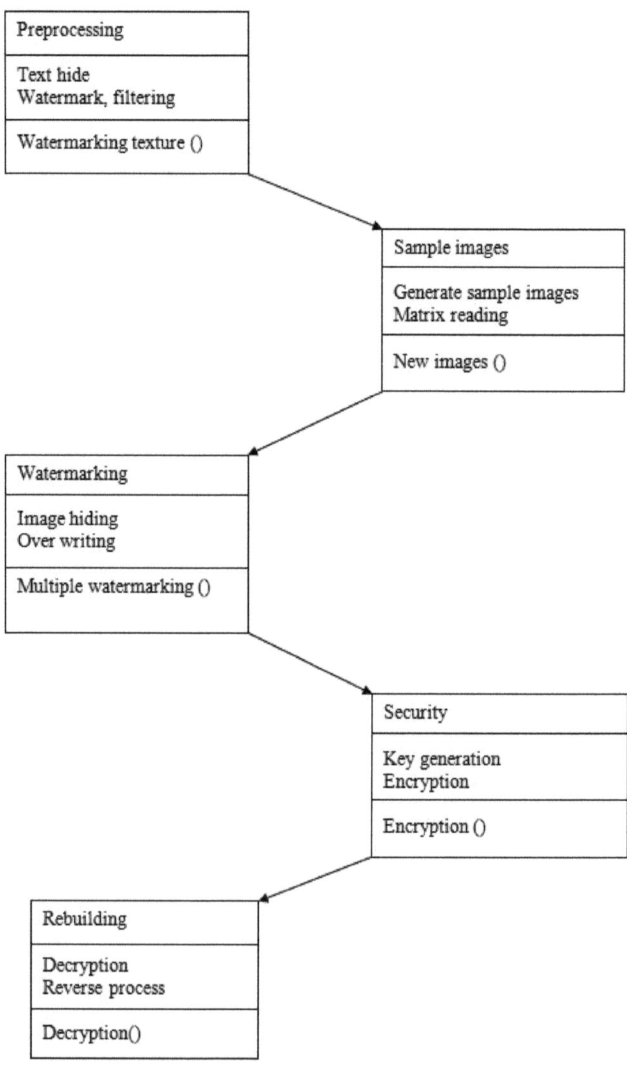

Figura 4.3 Diagrama de classes

4.2.4 Diagrama de arquitetura

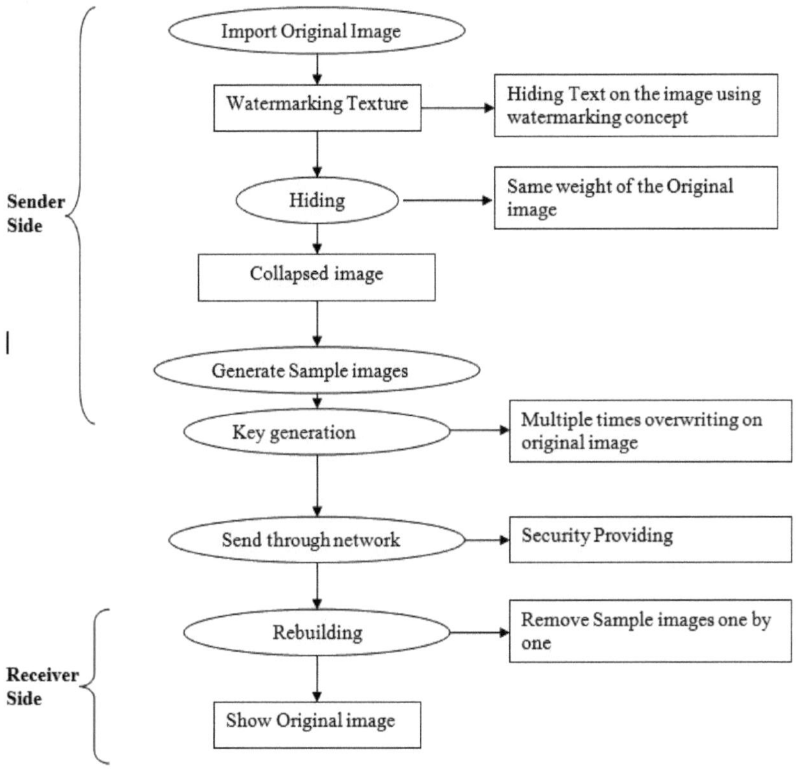

Figura 4.4 Diagrama de arquitetura

CAPÍTULO 5

CONCEPÇÃO DO SISTEMA

A conceção diz respeito à identificação dos componentes do software e à especificação das relações entre os componentes. Especificar a estrutura do software e fornecer um projeto para a fase de documentação. A modularidade é uma das propriedades desejáveis dos grandes sistemas. Implica que o sistema seja dividido em várias partes. Deste modo, a interação entre as partes é minimamente especificada de forma clara. A conceção explicará os componentes do software em pormenor. Isto ajudará a implementação do sistema. Além disso, orientará as futuras alterações do sistema para satisfazer os requisitos futuros.

5.1 Arquitetura

A arquitetura do sistema é apresentada no diagrama abaixo.

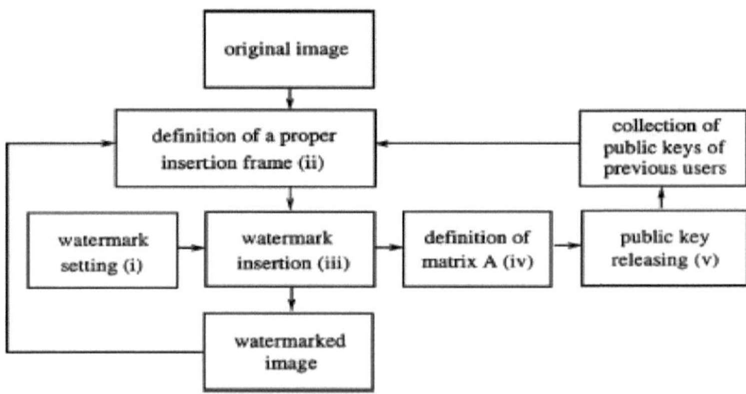

Figura 5.1 Arquitetura do sistema

5.2 Aplicação

O processo de implementação é apresentado no diagrama abaixo.

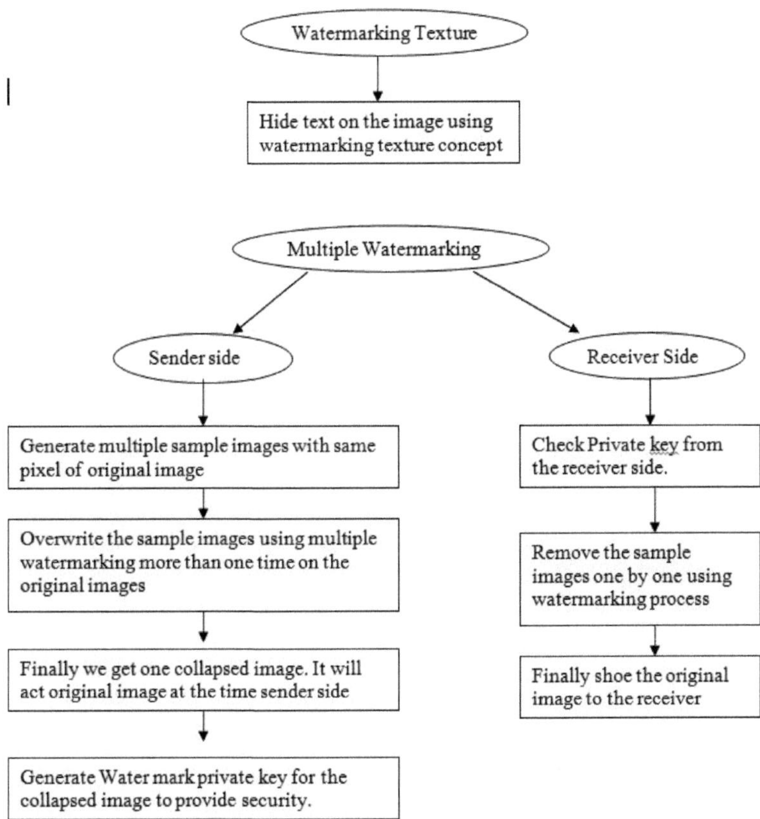

Figura 5.2 Implementação do sistema

CAPÍTULO 6

CAPTURAS DE ECRÃ DO PROJECTO

Neste capítulo, são apresentadas as capturas de ecrã do projeto.

Em primeiro lugar, são apresentadas as imagens de ecrã do lado do remetente, que são seguidas passo a passo no procedimento. Os passos 1 e 2 são comuns a todos os módulos descritos abaixo.

Passo 1: Abrir a janela principal da aplicação.

Figura 6.1 Janela principal da aplicação

Passo 2: Em seguida, seleccione a imagem a colocar como marca de água.

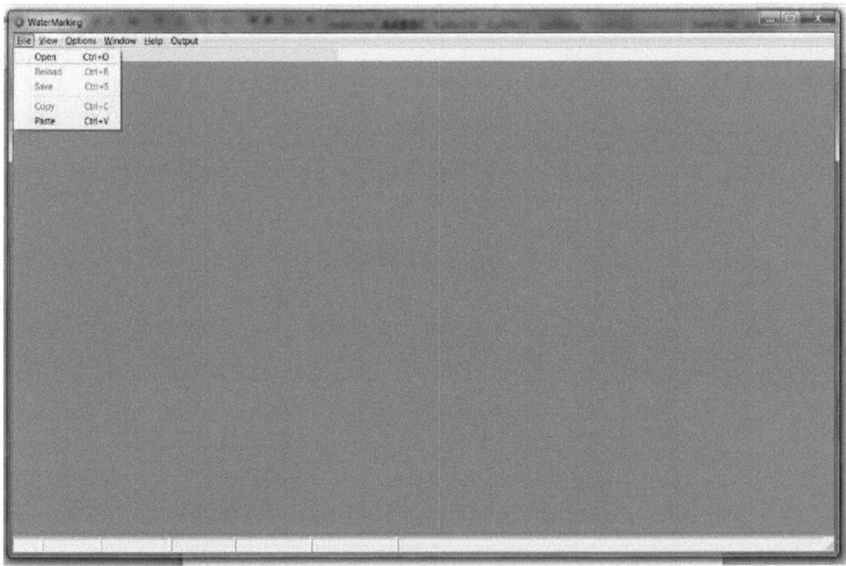

Figura 6.2 Selecionar a imagem a inserir na marca de água

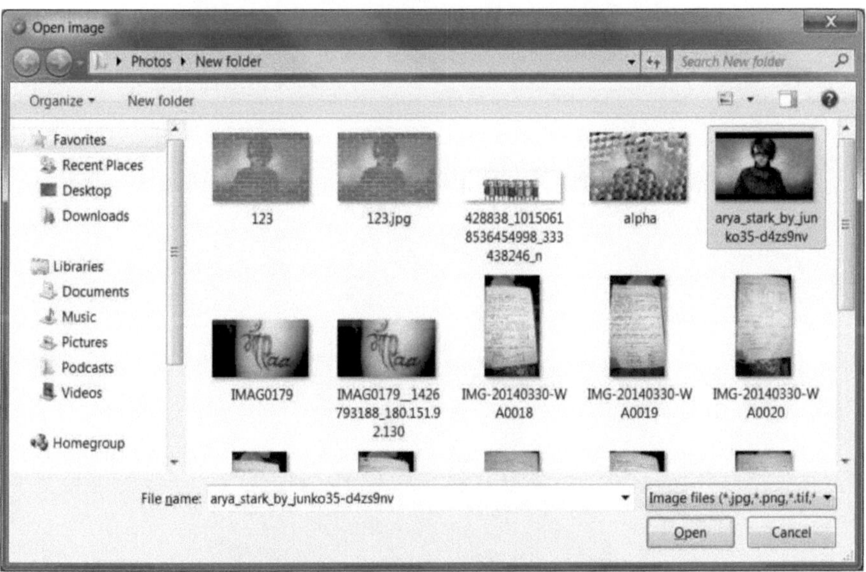

Figura 6.3 Caixa de diálogo Escolher imagem

Figura 6.4 Imagem a ser objeto de marca de água

Módulo 1: No módulo 1 são apresentadas capturas de ecrã de marcas de água de texto.

Passo 3: Neste passo, seleccionamos o tipo de marca de água como texto.

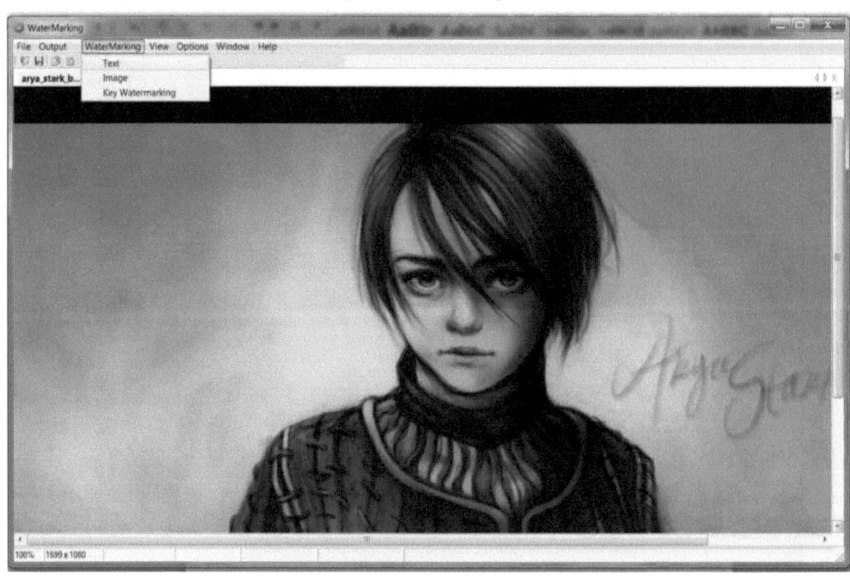

Figura 6.5 Selecionar a marca de água de texto

Passo 4: Em seguida, seleccione as definições de texto e tipo de letra para a marca de água de texto.

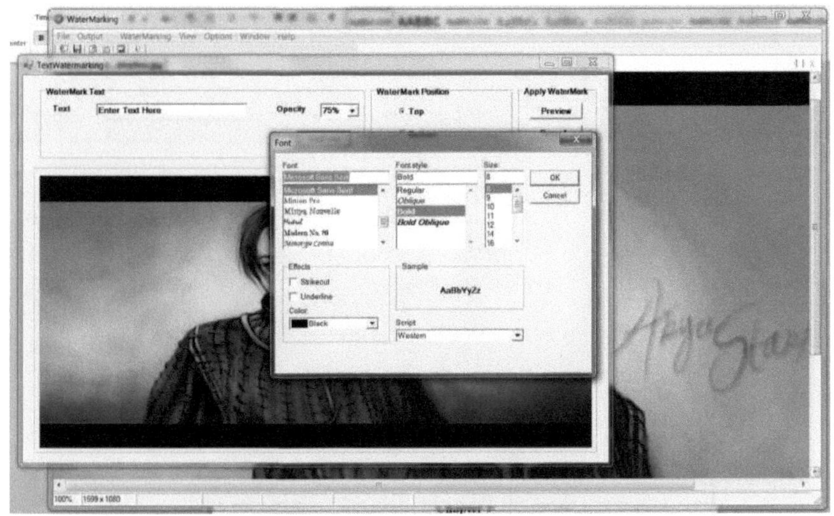

Figura 6.6 Definições do tipo de letra da marca de água

Passo 5: Em seguida, obtemos a imagem com marca de água .

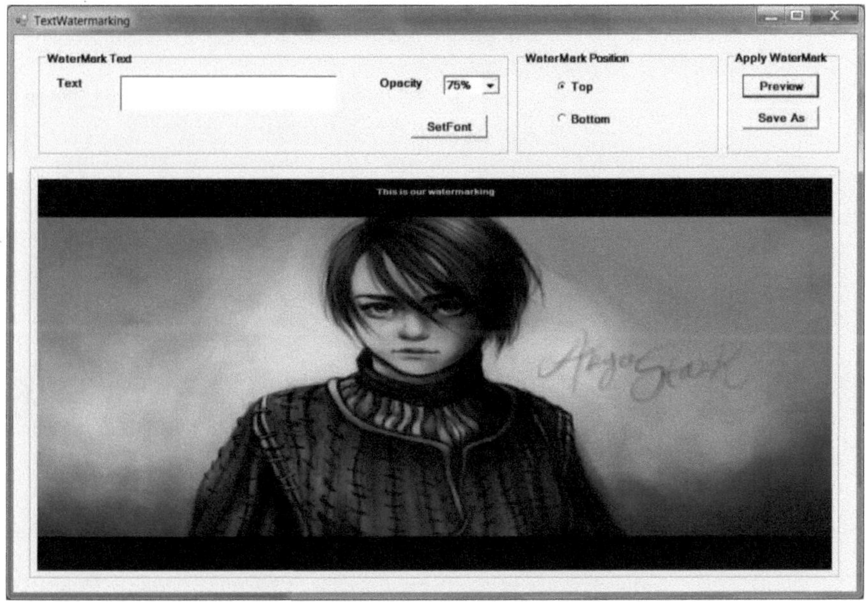

Figura 6.7 Marca de água de texto apresentada

Módulo 2: No módulo 2 são apresentadas capturas de ecrã de marcas de água de imagens.

Passo 3: Neste passo, escolhemos o tipo de marca de água como imagem.

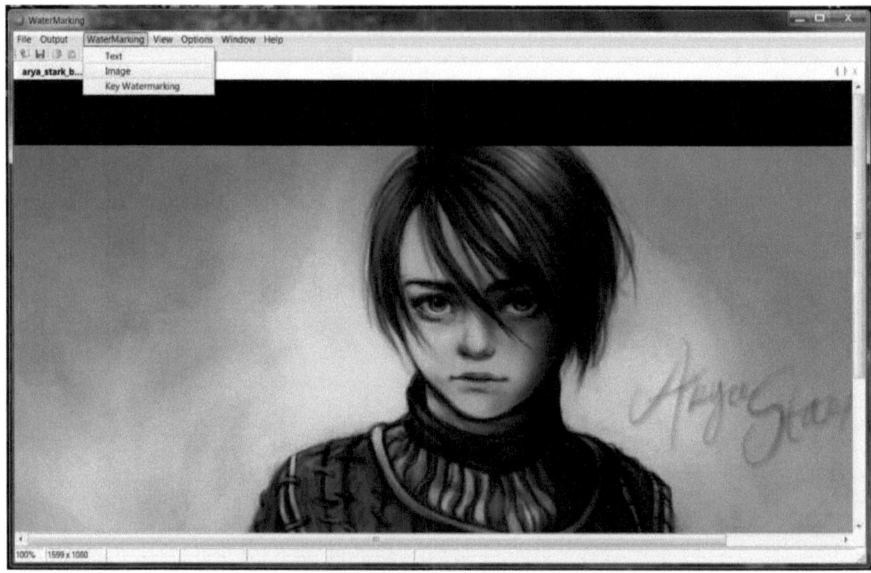

Figura 6.8: Selecionar a marca de água da imagem

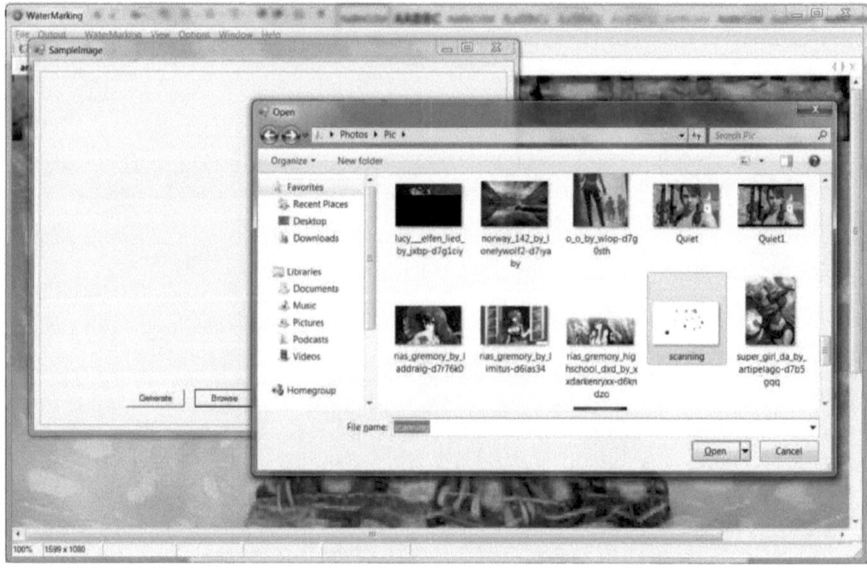

Figura 6.9 Selecionar outra imagem à escolha do utilizador

Figura 6.10 Imagem selecionada

A imagem com marca de água é apresentada de seguida.

Figura 6.11 Anexar a imagem selecionada à imagem original

Módulo 3: No módulo 3 são apresentadas capturas de ecrã de marcas de água de imagens com mais do que uma imagem.

Passo 3: Neste passo também escolhemos o tipo de marca de água como imagem.

Figura 6.12 Gerar imagem de stock

A imagem com marca de água e uma imagem são apresentadas de seguida.

Figura 6.13 A imagem com marca de água

A figura abaixo mostra uma imagem com marca de água com mais do que uma imagem.

Figura 6.14 Imagem com marca de água com mais de 1 imagem

Módulo 4: No módulo 4 são apresentados os principais ecrãs da marca de água.

Passo 3: Neste passo, depois de obter a imagem com marca de água, escolhemos o tipo de marca de água como chave.

Figura 6.15 Selecionar a marca de água chave

Figura 6.16 Introduzir chave de 8 dígitos

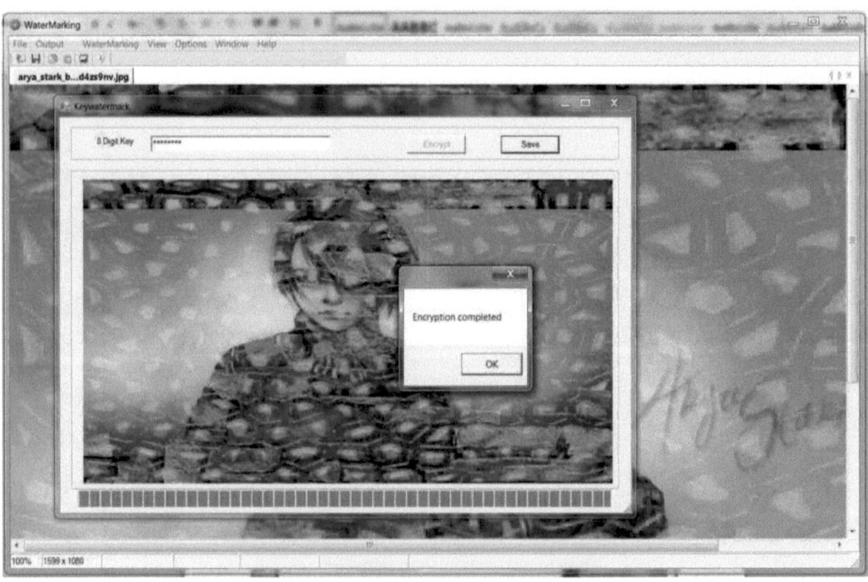

Figura 6.17 Encriptação bem sucedida

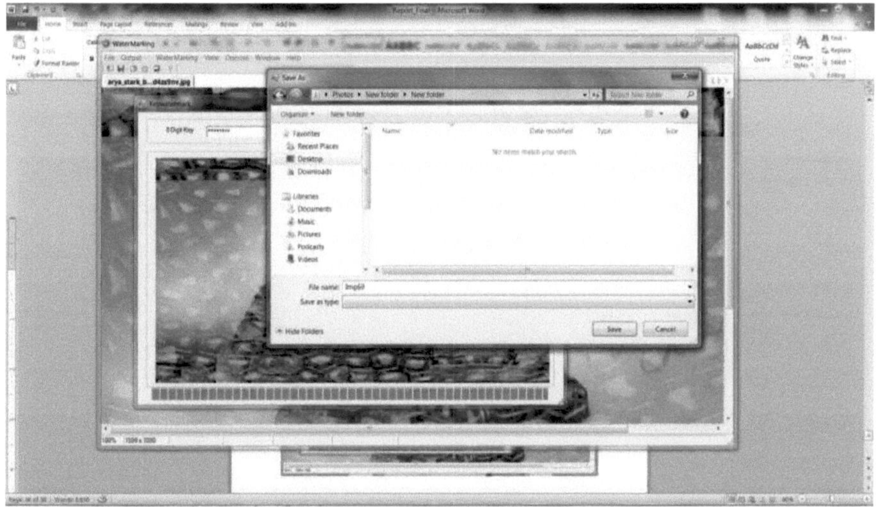

Figura 6.18 Guardar imagem encriptada

Em seguida, representamos as capturas de ecrã do lado do recetor.

Figura 6.19 Janela principal da aplicação

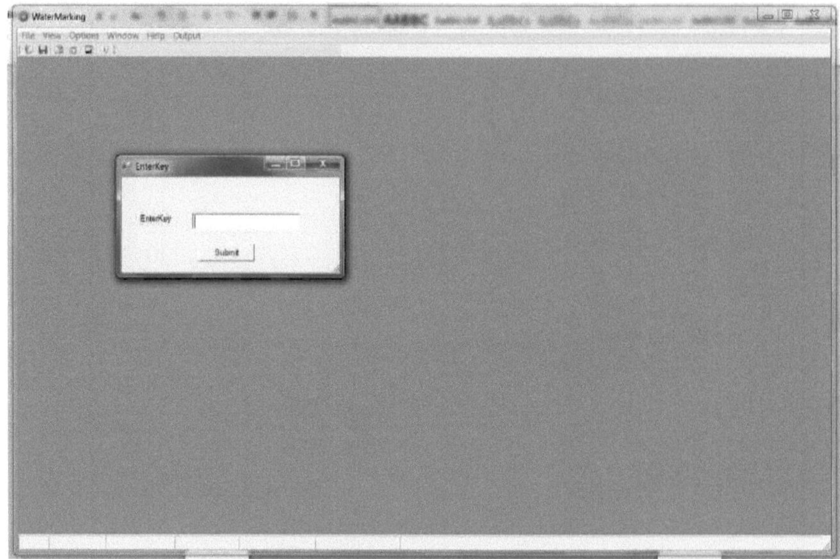

Figura 6.20 Introduzir chave secreta

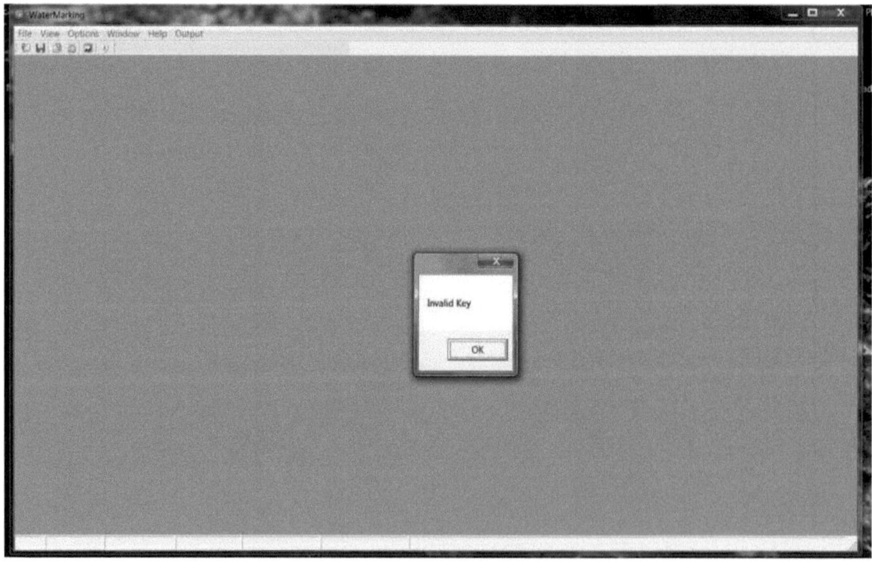

Figura 6.21 Erro ao introduzir uma chave inválida

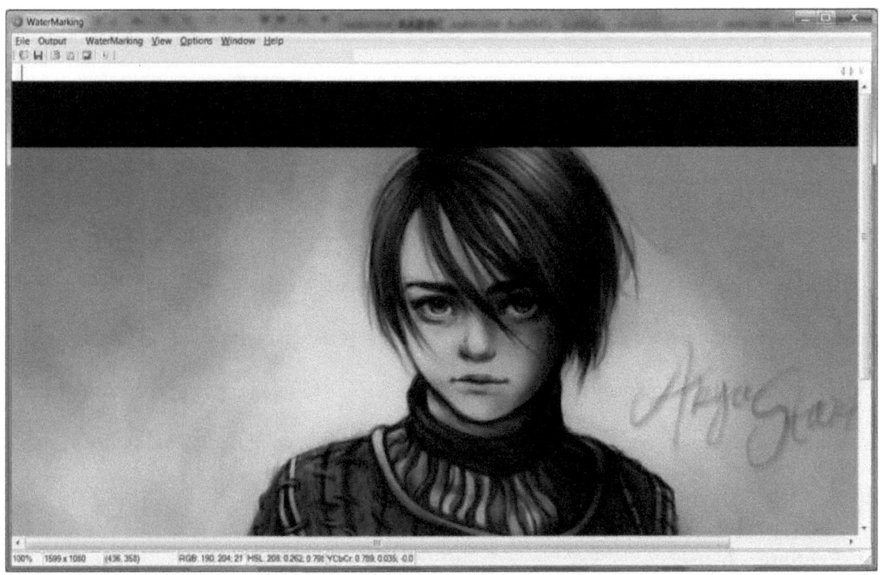

Figura 6.22 Imagem original recebida após a introdução da chave correcta e descodificação.

CAPÍTULO 7

CONCLUSÃO E TRABALHO FUTURO

Neste capítulo, são apresentadas as conclusões e o âmbito do trabalho futuro.

7.1 Conclusão

O embedder e o detetor (ou descodificador) são os dois componentes mais importantes dos sistemas de marcas de água digitais. Os módulos foram implementados com sucesso em conjunto. Uma imagem selecionada aleatoriamente [no lado do remetente] foi marcada com água utilizando as técnicas baseadas em texto, imagem e chave. A imagem resultante gerada após o processo é guardada e transmitida com êxito. No lado do recetor, as marcas de água foram removidas com êxito e a imagem original foi extraída com êxito.

7.2 Trabalho futuro

Apenas investigámos uma técnica de marca de água. Em cenários reais, os conteúdos com marca de água podem também sofrer ataques geométricos. Os ataques geométricos, juntamente com, por exemplo, os ataques JPEG, constituem os ataques mais graves aos dados com marca de água. Quase todos os esquemas propostos até à data não são suficientemente robustos contra estes ataques. Esta é uma das principais razões pelas quais a marca de água digital ainda está a dar os primeiros passos. Assim, o nosso trabalho futuro será direcionado para investigar a robustez dos nossos esquemas contra ataques geométricos. A minha ideia muito provisória é incorporar um modelo para retificar as possíveis distorções geométricas antes da deteção da marca de água.

Referências:

[1]Berghel, H. e O' Gorman, L., "Protecting ownership rights through digital watermarking", IEEE Computer Mag., 29,101,1996.

[2]K. Curran e K. Bailey, "An Evaluation of Image Based Steganography Methods", International Journal of Digital Evidence, vol. 2, n.º 2, 2003.

[3]E. Cole, Hiding in Plain Sight: Steganography and the Art of Covert Communication, 1ª ed.: John Wiley & Sons, 2003.

[4]Grupo de Trabalho Interagências (IWG) sobre Cibersegurança e Garantia da Informação (CSIA). (2006) Federal Plan for Cyber Security and Information Assurance Research and Development [Plano Federal de Investigação e Desenvolvimento sobre Cibersegurança e Garantia da Informação]. URL: http://www.nitrd.gov/pubs/csia/csia_federal_plan.pdf (acedido em 9 de maio de 2009).

[5]D. Feng, W. Siu, e H. Zhang, Multimedia Information Retrieval and Management, 1st ed., Springer, 2003: Springer, 2003.

[6]Y. Lim, C. Xu, e D. Feng, "Web based image authentication using invisible Fragile watermark," in ACM International Conference Proceeding Series, Proceedings of the PanSydney area workshop on Visual information processing, vol. 11, 2001, pp. 31-34.

[7]C. Rey e J Dugelay, "A Survey of Watermarking Algorithms for Image Authentication", EURASIP Journal on Applied Signal Processing, vol. 6, pp. 613-621, 2002.

[8]C. Lu, Multimedia Security: Steganography and Digital Watermarking Techniques for Protection of Intellectual Property, 1ª ed.: Idea Group Publishing, 2005.

[9]Barni, Mauro, Franco Bartolini, Vito Cappellini e Alessandro Piva. "Um sistema no domínio da DCT para uma marca de água robusta em imagens". *Signal processing* 66, no. 3 (1998): 357-372.

[10] Barni, Mauro, Franco Bartolini e Alessandro Piva. "Melhoria da marca de água baseada em wavelet através de mascaramento por pixel". *IEEE transactions on image processing* 10.5 (2001):

783-791.

[11] Cox, Ingemar J., Joe Kilian, F. Thomson Leighton e Talal Shamoon. "Marca de água segura de espetro alargado para multimédia". *IEEE transactions on image processing* 6, no. 12 (1997): 1673-1687.

[12] F. A. P. Petitcolas, R. J. Anderson e M. G. Kuhn, "Attacks on copyright marking systems," In: *Proc. do Segundo Workshop Internacional sobre Escondimento de Informação,* LNCS 1525, Portland, Oregon, EUA, abril de 1998.

[13] F. A. P. Petitcolas, "Watermarking schemes evaluation," *IEEE Signal Processing,* vol. 17, no. 5, pp. 58-64, Sep. 2000.

[14] M. Yeung e F. Mintzer, "An invisible watermarking technique for image verification," In: *Proc. IEEE International Conference on Image Processing,* Santa Barbara, CA, EUA, Out. 1997.

[15] D. Kundur e D. Hatzinakos, "Digital watermarking for telltale tamper proofing and authentication", *Proc. of the IEEE*, vol. 87, n.º 7, pp. 1167-1180, Jul. 1999.

[16] C. T. Li, "Digital fragile watermarking scheme for authentication of JPEG images," In: *IEEE Proceedings: Vision, Image and Signal Processing,* vol. 151, no. 6, pp. 460-466, Dec. 2 004.

[17] H. Y. S. Lin, H. Y. M. Liao, C. S. Lu e J. C. Lin, "Fragile watermarking for authenticating 3-D polygonal meshes," *IEEE Trans. Multimedia,* vol. 7, no. 6, pp. 997-1006, Dez. 2005.

[18] G. S. Spagnolo e M. De Santis, "Potencialidade da técnica holográfica na marcação de água frágil," In: *Proc. of SPIE on Optical Security and Counterfeit Deterrence Techniques VI,* vol. 6075, San Jose, CA, EUA, Jan. 2006.

[19] J. Cox, M. L. Miller e J. A. Bloom, *Digital Watermarking.* São Francisco, CA: Morgan Kaufmann, 2001.

[20] M. Schlauweg, D. Profrock, T. Palfner e E. Muller, "Quantization-based semi-fragile public-key watermarking for secure image authentication," In: *Proc. of SPIE on Mathematics of Data/Image*

Coding, Compression, and Encryption VIII, with Applications, vol. 5915, San Jose, CA, EUA, Jan. 2005.

[21] C. Fei, D. Kundur e R. H. Kwong, "Analysis and design of secure watermark-based authentication systems," *IEEE Trans. Information Forensics and Security,* vol. 1, no. 1, pp. 4355, Mar. 2006.

[22] S. Thiemert, H. Sahbi e M. Steinebach, "Using entropy for image and video authentication watermarks," In: *Proc. of SPIE on Security, Steganography, and Watermarking of Multimedia Contents VIII,* vol. 6072, San Jose, CA, EUA, Jan. 2006.

[23] K. Maeno, Q. Sun, S. F. Chang e M. Suto, "Novas técnicas de marca de água de autenticação de imagem semi-frágil utilizando polarização aleatória e quantização não uniforme", *IEEE Trans. Multimedia,* vol. 8, no. 1, pp. 32-45, Fev. 2006.

[24] C. Fei, D. Kundur, R. Kwong, "A hypothesis testing approach for achieving semi-fragility in multimedia authentication," In: *Proc. of SPIE on Security, Steganography, and Watermarking of Multimedia Contents VIII,* vol. 6072, San Jose, CA, EUA, Jan. 2006.

[25] D. Boneh e J. Shaw, "Collusion-secure fingerprinting for digital data," *IEEE Trans. Information Theory,* vol. 44, no. 5, pp. 1897-1905, Sep. 1998.

[26] D. Kirovski, H. Malvar e Y. Yacobi, "A dual watermark-fingerprint system," *IEEE Multimedia,* vol. 11, no. 3, pp. 59-73, Jul./Set. 2004.

[27] D. Kundur e K. Karthik, "Video fingerprinting and encryption principles for digital rights management", *Proc. of the IEEE,* vol. 92, n.º 6, pp. 918-932, Jun. 2004.

[28] M. Wu, W. Trappe, Z. J. Wang e K. J. R. Liu, "Collusion-resistant fingerprinting for multimedia," *IEEE Signal Processing Magazine,* vol. 21, n.º 2, pp. 15-27, Mar. 2004.

[29] M. U. Celik, G. Sharma e A. M. Tekalp, "Collusion-resilient fingerprinting using random pre-warping," In: *Proc. da Conferência Internacional do IEEE sobre Processamento de Imagem,*

Barcelona, Espanha, setembro de 2003.

[30] Z. Wang, M. Wu, W. Trappe e K. J. R. Liu, "Group-oriented fingerprinting for multimedia forensics," *EURASIP Journal on Applied Signal Processing, Special Issue on Multimedia Security and Rights Management,* vol. 2004, n.º 14, pp. 2153-2173, Out. 2004.

[31] H. Zhao, M. Wu, Z. Wang e K. J. R. Liu, "Análise forense de ataques de conluio não lineares para impressão digital multimédia", *IEEE Trans. Image Processing,* vol. 14, no. 5, pp. 646661, maio de 2005.

[32] Z. Wang, M. Wu, H. Zhao, W. Trappe e K. J. R. Liu, "Resistência à colusão da impressão digital multimédia utilizando modulação ortogonal", *IEEE Trans. Image Processing,* vol. 14, no. 6, pp. 804-821, Jun. 2005.

[33] W. Trappe, M. Wu, Z. Wang e K. J. R. Liu, "Anti-collision fingerprinting for multimedia", *IEEE Trans. Signal Processing, Special Issue on Signal Processing for Data Hiding in Digital Media & Secure Content Delivery,* vol. 51, no. 4, pp. 1069-1087, Abr. 2003.

[34] H. Gou e M. Wu, "Data hiding in curves with applications to map fingerprinting," *IEEE Trans. Signal Processing, Special Issue on Secure Media,* vol. 53, no. 10, pp. 3988-4005, Oct. 2 005.

[35] Hartung, Frank, e Martin Kutter. "Técnicas de marca de água em multimédia". *Proceedings of the IEEE* 87, no. 7 (1999): 1079-1107.

[36] Bartolini, Franco, Anastasios Tefas, Mauro Barni, e Ioannis Pitas. "Técnicas de autenticação de imagens para aplicações de vigilância". *Proceedings of the IEEE* 89, no. 10 (2001): 1403-1418.

[37] Koch, E., Zhao, J., 1995. Rumo a uma rotulagem robusta e oculta dos direitos de autor de imagens. In: Proc. IEEE Nonlinear Signal and Image Processing Workshop, Thessaloniki, Grécia, pp. 452-455.

[38] Cox, Ingemar J., e Matt L. Miller. "Os primeiros 50 anos da marca de água eletrónica". *EURASIP Journal on Advances in Signal Processing* 2002, n.º 2 (2002): 820936.

[39] Brassil, J., Low, S., & Maxemchuk, N., e O'Gorman, L. "Electronic marking and identification techniques to discourage document copy." *Actas da INFOCOM94,* 1994.

[40] Kurak, C., e Mchugh, J, "A cautionary note on image downgrading". *Actas da 8ª Conferência Anual sobre Aplicações de Segurança Informática,* San Antonio, 1992.

[41] Walton. S, "Image authentication for a slippery new age" (Autenticação de imagens para uma nova era escorregadia). Dr. Dobb's J., 20, pp. 18-26, 8287, 1995.

[42] Dautzenberg, C., e Boland, F.M., "Watermarking images". Relatório técnico, Departamento de Engenharia Eletrónica e Eléctrica, Trinity College Dublin, 1994.

[43] Pennebaker. W.B.. e Mitchell, J.L., "JPEG still image compression standard", Van Nostrand Reinhold, Nova Iorque, 1993.

[44] Zhao, Jian, e Eckhard Koch. "Incorporação de etiquetas robustas em imagens para proteção de direitos de autor". Em *KnowRight,* pp. 242-251. 1995.

[45] Tirkel, A. Z., Rankin, G. A., Van Schyndel, R. M., Ho, W. J., Mee, N. R. A., e Osborne, C. F, "Electronic water mark" (marca de água eletrónica), Proceedings of Digital Image Computing, Technology and Applications (DICTA'93), pp. 666-672, 1993.

[46] Tirkel, A. Z., Van Schyndel, R. G., e Osborne, C. F, "A two-dimensional digital watermark," Proceedings of DICTA, vol. 95, no.7, pp. 5-8, Dez. 1995.

[47] Van Schyndel, Ron G., Andrew Z. Tirkel e Charles F. Osborne. "Uma marca d'água digital". Em *Image Processing, 1994. Actas. ICIP-94, Conferência Internacional do IEEE,* vol. 2, pp. 86-90. IEEE, 1994.

[48] Van Schyndel, R. G., A. Z. Tirkel e C. F. Osborne. "Rumo a uma marca d'água digital robusta". Em *Dicta,* vol. 95, pp. 504-508. 1995.

[49] Matsui, Kineo. "Video steganography:-how to secretly embed a signature in a picture." *Proc. do Projeto de Propriedade Intelectual da IMA, 1994* 1 (1994): 187-206.

[50] Cox, I., J. Killian, T. Leighton e T. Shamoon, "Secure spread spectrum communication for multimedia". *Relatório Técnico 95-10, Instituto de Investigação NEC* (1995).

[51] Ruanaidh, J. J. K. O., W. J. Dowling e Francis M. Boland. "Marca d'água de fase de imagens digitais". Em *Image Processing, 1996. Proceedings, International Conference on,* vol. 3, pp. 239-242. IEEE, 1996.

[52] Clarke, Roger J. "Transformar a codificação de imagens". *Astrophysics* (1985).

[53] Press, W.H., Teukolsky, S.A., Vetterling, W.T. e Flannery, B.P., 1996. *Numerical recipes in C* (Vol. 2). Cambridge: Cambridge University Press.

[54] Rao, K. Ramamohan e Ping Yip. *Transformada discreta de cosseno: algoritmos, vantagens, aplicações.* Imprensa académica, 2014.

[55] O' Ruanaidh, Joseph J. K., W. J. Dowling e F. M. Boland. "Marca de água em imagens digitais para proteção de direitos de autor". *IEE Proceedings-Vision, Image and Signal Processing* 143, no. 4, pp. 250-256, 1996.

[56] Lim, Jae S. "Two-dimensional signal and image processing". *Englewood Cliffs, NJ, Prentice Hall, 1990, 710 p.* (1990).

[57] Oppenheim, Alan V., e Jae S. Lim. "A importância da fase nos sinais". *Proceedings of the IEEE* 69, no. 5, pp. 529-541, 1981.

[58] Caronni, Germano. "Assegurar os direitos de propriedade de imagens digitais". Em *Verläßliche IT- Systeme,* pp. 251-263. Vieweg+ Teubner Verlag, 1995.

[59] Mundher, M., Muhamad, D., Rehman, A., Saba, T. e Kausar, F., "Digital watermarking for images security using discrete slantlet transform." *Applied Mathematics & Information Sciences* 8, no. 6, pp. 2823, 2014.

[60] Lang, J. e Zhang, Z.G., "Método de marca de água digital cega no domínio da transformada de Fourier fraccionada," *Optics and Lasers in Engineering, 53,* pp.112-121, 2014.

[61] Parashar, P., e Singh, R. K., "A survey: Digital image watermarking techniques". *Int. J. Signal Process. Image Process. Pattern Recognit* 7, no. 6, pp. 111-124, 2014.

[62] Han, Y., He, W., Ji, S. e Luo, Q., "Um algoritmo de marca de água digital de imagem a cores baseado em criptografia visual e transformada discreta de cosseno". Em *P2P, Parallel, Grid, Cloud and Internet Computing (3PGCIC), 2014 Ninth International Conference on,* pp. 525-530. IEEE, 2014.